思想者指南系列丛书（中文版）

THINKER'S GUIDE LIBRARY

什么是批判性思维

THE GUIDE TO CRITICAL THINKING

（美）Linda Elder （美）Richard Paul / 著

冯涛 任倩 / 译 王晓红 / 审校

外语教学与研究出版社

FOREIGN LANGUAGE TEACHING AND RESEARCH PRESS

北京 BEIJING

京权图字：01-2019-3654

图书在版编目（CIP）数据

什么是批判性思维 /（美）琳达 · 埃尔德（Linda Elder），（美）理查德 · 保罗（Richard Paul）著 ；冯涛，任倩译．—— 北京 ：外语教学与研究出版社，2021.12（2025.12 重印）
（思想者指南系列丛书 ：中文版）
书名原文：THE GUIDE TO CRITICAL THINKING
ISBN 978-7-5213-3186-8

Ⅰ. ①什… Ⅱ. ①琳… ②理… ③冯… ④任… Ⅲ. ①思维方法 Ⅳ. ①B804

中国版本图书馆 CIP 数据核字（2021）第 256038 号

出 版 人 王 芳
项目负责 刘小萌
责任编辑 杨小薇
责任校对 曹 妮
封面设计 孙莉明 彩奇风
版式设计 涂 俐
出版发行 外语教学与研究出版社
社 址 北京市西三环北路 19 号（100089）
网 址 https://www.fltrp.com
印 刷 河北虎彩印刷有限公司
开 本 850 × 1168 1/32
印 张 1.75
版 次 2021 年 12 月第 1 版 2025 年 12 月第 8 次印刷
书 号 ISBN 978-7-5213-3186-8
定 价 13.90 元

如有图书采购需求，图书内容或印刷装订等问题，侵权、盗版书籍等线索，请拨打以下电话或关注官方服务号：
客服电话：400 898 7008
官方服务号：微信搜索并关注公众号“外研社官方服务号”
外研社购书网址：https://fltrp.tmall.com

物料号：331860001

记载人类文明
沟通世界文化
www.fltrp.com

序言

思辨能力，或称批判性思维，由两个维度组成：在情感态度维度包括勤学好问、相信理性、尊重事实、谨慎判断、公正评价、敏于探究、持之以恒地追求真理等一系列思维品质或心理倾向；在认知维度包括对证据、概念、方法、标准、背景等要素进行阐述、分析、评价、推理与解释等一系列技能。

思辨能力的重要性是不言而喻的。两千多年前的中国古代典籍《礼记·中庸》曰："博学之，审问之，慎思之，明辨之，笃行之。"古希腊哲人苏格拉底说："未经审视的人生不值得一过。"可以说，文明的诞生正是人类自觉运用思辨能力，不断适应并改造自然环境的结果。游牧时代、农业时代以及现代早期，人类思辨能力虽然并不完善，也远未普及，但通过科学技术以及人文知识的不断积累创新，已经显示出不可抑制的巨大能量，推动了人类文明阔步前进。那么，进入信息时代、知识经济时代和全球化时代，思辨能力对于人类文明整体可持续发展以及对于每一个个体的生存和发展，其重要性更将史无前例地彰显。

我们已进入一个加速变化、普遍联系和日益复杂的时代。随着交通技术和信息技术日新月异的发展，不同国家和文化空前紧密地联系在一起。这在促进合作的同时，也导致了更多的冲突；人类所掌握的技术力量与日俱增，在不断提高物质生活质量的同时，也极大地破坏了我们赖以生存的自然环境；工业化、城市化和信息化程度的不断提高，全方位扩大了人的自由空间，同时却削弱了维系社会秩序和稳定的价值体系与行为准则。这一切变化对人类的思辨能力和应变能力都提出了前所未有的要求。正如本套丛书作者之一理查德·保罗（Richard Paul）在其所创办的批判性思维中心（Center for Critical Thinking）的"使命"中所指出的，"我们身处其中的这个世界要求我们不断重新学习，习惯性重新思考我们的决定，周期性重新评价我们的工作和生活方式。简言之，我们面临一个全新的世界，在这个新世界，大脑掌控自己并经常进行自我分析的能力将日益决定我们工作的质量、生活的质量乃至我们的生存本身。"

遗憾的是，面临时代巨变对人类思辨能力提出的新挑战，我们的教育和社会都尚未作好充分准备。从小学到大学，在很大程度上我们的教育依然围绕知识的搬运而展开，学校周而复始的考试不断强化学生对标准答案的追求而不是对问题复杂性和探索过程的关注，全社会也尚未形成鼓励独立思辨与开拓创新的氛围。

我们知道，人类大脑并不具备天然遗传的思辨能力。事实上，在自然状态下，人们往往倾向于以自我为中心或随波逐流，容易被偏见左右，固守成见，急于判断，为利益或情感所左右。因此，思辨能力需要通过后天的学习和训练得以提高，思辨能力培养也因此应该成为教育的不懈使命。

哈佛大学以培养学生“乐于发现和思辨”为根本追求；剑桥大学也把“鼓励怀疑精神”奉为宗旨。美国学者彼得·法乔恩（Peter Facione）一言以蔽之：“教育，不折不扣，就是学会思考。”

和任何其他技能的学习一样，学会思考也是有规律可循的。

首先，学习者应该了解思辨的基本特点和理论框架。根据理查德·保罗和琳达·埃尔德（Linda Elder）的研究，所有的推理都有一个目的，都试图澄清或解决问题，都基于假设，都从某一视角展开，都基于数据、信息和证据，都通过概念和观念进行表达，都通过推理或阐释得出结论并对数据赋予意义，都会产生影响或后果。分析一个推理或论述的质量或有效性，意味着按照思辨的标准进行检验，这个标准包括清晰性、准确性、精确性、相关性、深刻性、宽广性、逻辑性、公正性、重要性、完整性等维度。一个拥有思辨能力的人具备八大品质，包括诚实、谦虚、相信理性、坚忍不拔、公正、勇气、同理心、独立思考。

其次，学习者应该掌握具体的思辨方法。如：如何阐释和理解文本信息与观点？如何解析文本结构？如何评价论述的有效性？如何把已有理论和方法运用于新的场景？如何收集和鉴别信息和证据？如何论证说理？如何识别逻辑谬误？如何提问？如何对自己的思维进行反思和矫正？等等，等等。

最后，思辨能力的提高必须经过系统的训练。思辨能力的发展是一个从低级思维向高级思维发展的过程，必须运用思辨的标准一以贯之地训练思辨的各要素，在各门课程的学习中练习思辨，在实际工作中使用思辨，在日常生活中体验思辨，最终使良好的思维习惯成为第二本能。

“思想者指南系列丛书”旨在为教师教授思辨方法、学生学习思辨技能和社会大众提高思辨能力提供最为简明和最为实用的操作指南。该套丛书直接从西方最具影响力的思辨能力研究和培训机构——批判性思维基金会（Foundation for Critical Thinking）原版引进，共21册，包括“基础篇”：《批判性思维术语手册》《批判性思维概念与方法手册》《大脑的奥秘》《批判性思维与创造性思维》《什么是批判性思维》《什么是分析性思维》；“大众篇”：《识别逻辑谬误》《思维的标准》《如何提问》《像苏格拉底一样提问》《什么是伦理推理》《什么是工科推理》《什么是科学思维》；“教学篇”：《透视教育时尚》《思辨能力评价标准》《思辨阅读与写作测评》《如何促进主动学习与合作学习》《如何提升学生的学习能力》《如何通过思辨学好一门学科》《如何进行思辨性阅读》《如何进行思辨性写作》。

由理查德·保罗和琳达·埃尔德两位思辨能力研究领域的全球顶级大师领衔研发的“思想者指南系列丛书”享誉北美乃至全球，销售数百万册，被美国中小学、高等学校乃至公司和政府部门普遍用于教学、培训和人才选拔。该套丛书具有如下特点：其一，语言简洁明快，具有一般英文水平的读者都能阅读。其二，内容生动易懂，运用大量的具体例子解释思辨的理论和方法。其三，针对性和操作性极强，教师可以从“教学篇”子系列中获取指导教学改革的思辨教学策略与方法，学生也可从“教学篇”子系列中找到提高不同学科学习能力的思辨技巧；一般社会人士可以通过“大众篇”子系列掌握思辨的通用技巧，提高在社会场景中分析问题和解决问题的能力；各类读者都可以通过“基础篇”子系列掌握思维的基本规律和思辨的基本理论。

可见，“思想者指南系列丛书”对于各类读者提高思辨能力均大有裨益。为了让该套丛书惠及更多读者，外研社适时推出其中文版，可喜可贺。

总之，思辨能力的高下将决定一个人学业的优劣、事业的成败乃至一个民族的兴衰。在此意义上，我向全国中小学教师、高等学校教师和学生以及社会大众郑重推荐“思想者指南系列丛书”。相信该套丛书的普及阅读和学习运用，必将有利于促进教育改革，提高人才培养质量，提升大众思辨能力，为创新型国家建设和社会文明进步作出深远的贡献。

孙有中

2019 年 6 月于北京外国语大学

目录

引　言

我们生活的世界充满了想法和思维。在这些想法中，我们去伪存真。但是即便是我们认为正确的想法，实际上有时也是错的、站不住脚的，或者具有误导性的；而我们觉得是错的、不重要的想法中，有些却是重要的真理。大脑不会自动地领会真理，我们不会自然而然地就看清事物的本质，也不能一眼看出某件事情合不合理。我们经常因自身的计划、兴趣与价值观而产生偏见。我们通常会按照我们的意愿去看事情，会曲解事实以满足我们先入为主的看法。生活中处处可见歪曲事实的现象。不幸的是，所有人都会不时地落入彀中。

每个人都带着滤镜来观察这个世界，随着心情的变化，我们看世界的角度也不同。我们的很多想法都是无意识的、不加辨别的，受各种力量——社会、政治、经济、生理或心理因素——的影响。很多人的生活都受到自私和狭隘的严重影响。

我们需要一个系统的方法来巩固合理的思维，限制谬误的想法。我们要指挥大脑来合理地辨别应该接受什么样的想法，需要抵制什么样的想法，而批判性思维恰好为此提供了路径，指明了方向，甚至最为理想的是，成了我们的生活方式。

本书聚焦批判性思维的核心概念，与教师共同探讨批判性思维的概念，并为学生介绍及提供培养自身批判性思维的策略。教师可以将本书用于任何科目教学的指令设计、任务布置和测试中，学生则可以用这本书提升自己的学习效果。

书里介绍的技巧适用于任何学科的学习，比如，批判性思维者会目标清晰、有的放矢；他们会质疑信息、结论与观点；他们努力做到清晰、准确和切题；他们透过现象看本质，力求合乎逻辑、公平公正；他们将批判性思维应用于读写与听说，应用于各个学科，贯穿一生。

如果你是一位学生，正在使用本书，请养成习惯，将这本书带到你的任何一个课堂，在分析并消化你所学的知识时经常查阅它。最终目标是，通过深入学习书里的思想，你能够习以为常地运用这些思想。

三种思辨者

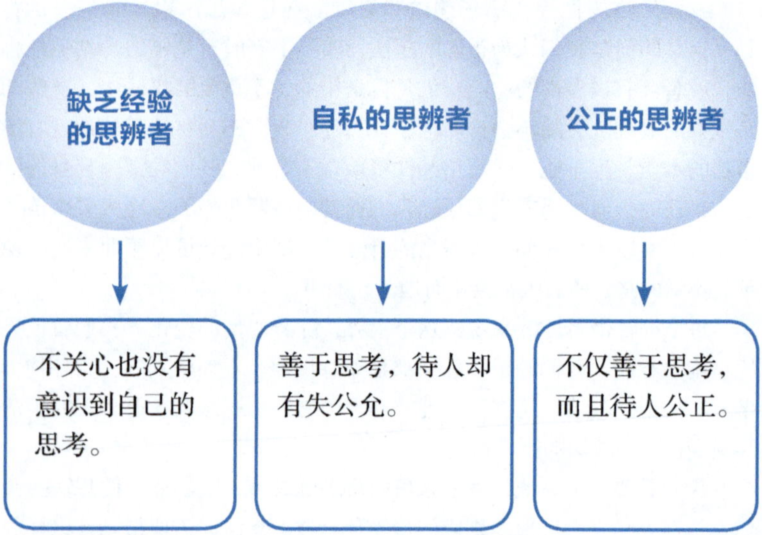

每个人都有时会是一个缺乏经验的思辨者，有时成为自私的思辨者，有时又是公正的思辨者。

当我们都能公允待人时，世界将变得更加美好。我们虽不会变得完美，却能一直提升我们的思维。

本书将帮助你成为一名公正的思辨者。

公正的思辨者

公正的思辨者无论何时都在尽量提升他们的思维能力。他们也会争取自身需要的东西，但绝不自私，而是乐于助人。他们将这个世界变得更美好，当必要时，愿意为了他人放弃自己的东西。尽管可能有时会犯错，但他们一直致力于改进自己的思维方式，并付诸行动。

让我们听听这一群体怎么说：

“我总在思考，思考让我学到了很多，也能帮我解决问题。我想去理解别人的思维，事实上，我更想了解我自己及我做事情的原因，有时候我也会做一些我自己都不明白的事情。要理解所有人与所有事是很困难的，很多人言行不一，因此你不能总相信他人的话，也不能总相信你在电视或者网络上看到的东西。人们有时候会言不由衷，因为你对他们来说有利可图，他们得讨好你。”

“我希望将世界变得更加美好，不单单是为了自己和朋友，更是为了每一个人。要理解别人，就要用他人的视角看待事情，理解他们的处境，并设身处地为他们着想。我会考虑那些物质比我匮乏的人，比如忍饥挨饿或者无家可归的人。我希望能助力创造一个每个人都可以丰衣足食的世界。”

“想要做到公正是很难的，相比之下自私自利简单多了，但如果人们都自私的话，世界将不再美好。”

自私的思辨者

自私的思辨者通过他们的思维去获得想要的东西，从不考虑对别人的影响。他们善于思考，并且知道自己善于思考。但他们十分自私，也可能贪婪、无情。

让我们听听他们怎么说：

“我经常思考，思考让我得到我想要的东西。只要能得偿所愿，我会相信我愿意去相信的东西。无论何人要求我做我不愿去做的事情，我都会质疑他。我知道如何让别人去做我想让他们做的事情。如果我不想思考的话，我甚至知道如何避免思考。”

“有时候当我知道我不愿意做某事时，即使我会做，我也说‘我不行’。当你知道如何操控别人时，你就能从别人那里得到你想要的东西。比如，一天晚上，我要父母给我买一个很贵的电脑配件，我知道他们确实负担不起。但是，嘿嘿，他们买了。钱他们总能再赚。我是他们的孩子，他们理应给我我想要的东西。”

“别人想听什么，你就说什么，这很有用。当然，有时候他们所听非实，但没关系，只有他们听到了不愿听到的话时才会找你麻烦。只要掌握愚弄人的方法，你便可以一直欺骗别人。你猜怎么着，只要方法得当，你甚至可以欺骗自己。”

缺乏经验的思辨者

缺乏经验的思辨者不明白思考的重要性，他们从不会费力去培养自己的思维能力。

让我们听听他们的心声：

“没什么必要思考，我不用想也什么都明白。事情发生在我身上我就去解决，听到什么也差不多都相信。电视上或者网络上看到的消息我基本照单全收，也不明白为什么要质疑这些电视节目上或网上的消息。我认为这些消息不会对我有什么影响。”

“我不需要浪费时间去想问题的答案，如果我需要答案，直接问别人就行了。别人比我更擅长解决问题，我为什么非要自己去解决呢？与干一堆活相比，说一句‘我不行’简单多了。很多时候解决问题的过程费时费力，对我而言太困难，又何必自寻烦恼呢？”

“大多数情况下，别人做什么，我就跟着做什么，这样往往更简单。我按照别人说的去做，从不多话，总是附和朋友们的决定，不喜欢制造波澜。思考只会带给你麻烦。”

培养认知品性

公正的思辨者会发展并培养他们的认知习惯或特质。这些特质能解释他们的生活方式——比如如何学习，如何与人交流，如何看待这个世界。下面是一些重要的认知特质，在翻到下一页之前，请试着弄清楚这些特质的含义。当思考一些重要的概念时，从翻阅字典开始无疑很有用。

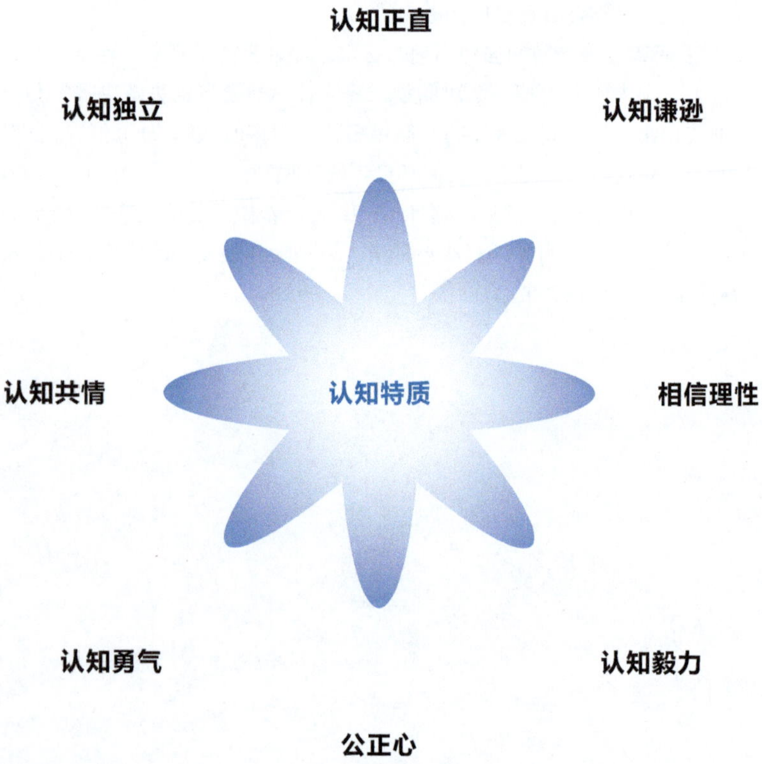

如何成为公正的思辨者

认知正直

己所欲者，施之于人。尊重他人，就像你期待自己被尊重一般。不要期待别人会比你做得更好。在你期待别人关注你的感受时，也要关注别人的感受。你不想被人粗暴对待，所以你不可粗暴待人；你不想被人伤害，也要当心不要伤害别人。

认知独立

独立思考。一定要自己解决问题。虽然听取别人的想法是大有裨益的，但你必须要通过思考来判断你可以信任哪些人、哪些事。作出判断时你需要使用准确性、相关性、重要性、公正性等认知标准。

认知毅力

不要轻易放弃。当你开始觉得自己学不会某些东西时，告诉自己你可以。如果阅读对你而言有困难，坚持读下去（因为优质阅读很重要）；如果写作有困难，接着练习，直到写作有所长进。当你想放弃时，不要害怕努力。无论你在学习中遇到多大的困难，继续努力，决不放弃！做你生命之船的舵手，绘制你自己的生命航线。

认知共情

尝试去了解别人的想法与感受。若你与他人有了分歧，试着从对方的角度来看待事情。当你这么做时，你就会发现在某些事情上你是对的，而在另一些事情上对方更有道理。能够并且愿意想他人之所想是十分重要的。如果人人都能做到这点，世界将变得更加美好，痛苦与煎熬也将更少。

认知谦逊

承认你并不了解所有的事情。有很多事是你不了解（而且永远不会了解）的。当你不是十分有把握时，不要说某件事情是真的。有些你认为是真的的事情，事实上并非如此。人们说的很多事情事实上都不是真的，很多出现在电视和网络上的事情也并非真实。时刻要问：“我怎么知道这件事的？你又是如何得知的？”

认知勇气

随时为你觉得是对的的事情发声，即便这样做不会受朋友及身边的人的欢迎。当然，有时候坚持这么做是有风险的。要好好思考一下，什么时候应该发表自己的意见，什么时候应该保留自己的看法。当你发表意见时，需要时刻尊重他人。但是持有什么样的反对意见完全是你的隐私。也不要害怕质疑自己所坚信的观点，而是要勇于找出最合理的观点。你需要有勇气来审视自己的内心，看清自己到底在想什么，即便是你坚持了很长时间的某种理念，你仍得主动地质疑它，用思辨工具再次检验它。

相信理性

如果地球上的每一个人都采用最佳的思维方式，那么我们将最有可能营造一个公平合理的世界。当人们各持己见时，人们会寻求事实与证据来消除分歧。我们需要共同努力来寻求最无懈可击的结论。我们应该运用思辨标准来解决问题，比如：确保你掌握的信息是准确和相关的。不要将复杂问题简单化处理，因为这样几乎永远不会奏效，而要去挖掘深层问题的复杂元素。从不同方面考虑问题，相信证据、事实与推理，质疑盲目的信仰、嫉妒与恐惧。

公正心

解决任何问题时都寻求最公正的途径，不仅考虑自身，也要考虑涉及的所有人。不要将自身的愿望与需求强加在别人身上。当别人的需求更强烈及必要时，你甚至要放弃自己的需求。尝试站在别人的立场上思考问题并体会别人的想法。在你确保能做到这些前不要行动，三思而后行。

用认知标准提升思维

最高明的思辨者不会相信他们听到或看到的一切，而是会用认知标准来判断自己应该相信什么，以保证他们的思维不跑偏。在本书中，我们会聚焦几条重要的标准。只要你每天都运用这些标准，你的思维便会提升。

清晰	你能清楚地表达你的意思吗？
	你能举几个例子吗？
准确	你确定这是真的吗？
相关	这与我们考虑的问题相关吗？
有逻辑	整体上说得通吗？
公正	我有没有考虑我的所作所为给别人带来的感受？
理智	我们是否以开放的态度全面考虑了这个问题？

清晰性：不要把人搞糊涂

当我们不清楚某件事时就会感到糊涂。

想要避免糊涂，我们需要明白以下几点：

- 我们在说什么？
- 我们读的是什么？
- 我们听到了什么？
- 我们看到了什么？

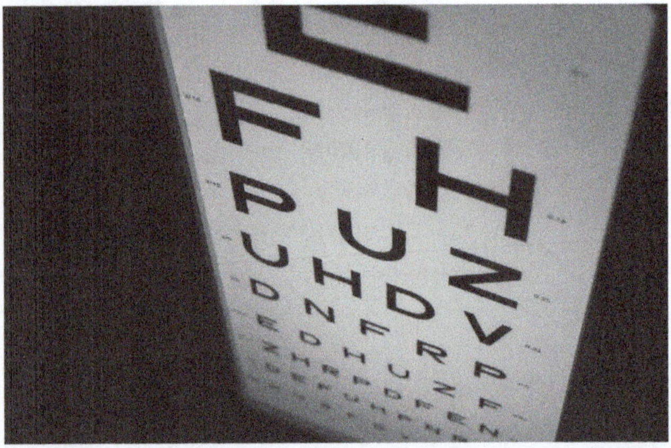

像视力检查表上的字母一样，观点可能模糊，也可能清晰。

你可以通过以下表述或者问题来力求清晰：

- 让我来告诉你我的意思。我举个例子。
- 你能告诉我你是什么意思吗？
- 你能换一种表达方式吗？
- 我有点糊涂，你能解释一下吗？
- 让我告诉你，我是如何理解你刚刚说的话的。告诉我我是否理解对了。

准确性：确保真实

准确意味着真实与正确，没有被曲解。

当我们不确定某件事情是否属实时，我们要通过核实来确定。

当我们追求准确性时，我们想正中靶心，不希望我们的想法受到任何曲解。

你可以通过以下问题来保证准确性：

- 我们如何查明事情确实属实？
- 我们如何核实事情属实？
- 我们如何检验这个想法的真实性？
- 我如何知道我现在说的事是真的？
- 我如何知道我在网上看到的东西是真的？
- 我如何知道某本书里的信息是真的？
- 我如何知道朋友说的事是真的？
- 我怎样自己证明 X 是真的？

相关性：不要偏离目标

如果与以下内容直接相关，即为符合相关性的要求：

- 你要解决的难题
- 你要回答的问题
- 你交谈或写作的内容

飞机驾驶舱里的所有仪表都与驾驶飞机相关，但与自行车骑行无关。

你可以通过以下问题确认某事是否相关：

- 你说的与这个问题有什么关系？
- 这条信息与我们提的问题有什么关系？
- 什么能帮我们解决问题？
- 你说的与我们谈论的有什么关系？
- 这与我们的目标有什么关系？

逻辑性：让所有元素有序组合

当所有元素有序组合在一起并且合情合理时，你的思维就是有逻辑的。

你可以通过以下问题确认某事是否有逻辑：

- 我认为这件事说不通，你能讲一讲它的前后是如何联系在一起的吗？
- 这句话在这一段里似乎格格不入，我将如何改写段落让每句话都能恰如其分呢？
- 你说的不合逻辑，你是怎么得出结论的？解释一下为什么你觉得有道理。
- 我觉得我从电视里看到的这些资讯不合理，我是应该接受，还是应该抵制呢？

公正性：务必考虑他人

我们做某件事情之前，如果考虑到了他人的感受，我们就做到了公正。

世界上之所以存在这么多冲突与问题，是因为在大多数情况下，人们都不能公允待人。

无论对人对己，公正都很重要。

你可以通过以下问题判断你或者他人是否公正：

- 我现在是不是很自私？
- 他现在是否很自私？
- 我考虑到别人的想法了吗？
- 我考虑到别人的感受了吗？
- 在这一情况下，我们是否公平对待了所有人？

重要的认知标准

请记住，善于思考的人会用认知标准来判断应该相信什么。以下是几条最重要的标准的简要定义：

清晰性：

易于理解，不易混淆

准确性：

正确、真实，未被曲解

精确性：

包括解决问题所需的一切细节

相关性：

与手头事情有关，而且是直接相关

深刻性：

充分考虑了问题的复杂性

宽广性：

包含多样而非单一的观点

逻辑性：

不同部分组合在一起言之有理，互不矛盾

重要性：

聚焦在重要而非琐碎之处

公正性：

考虑到相关各方的想法与观点，不自私

针对认知标准的提问清单

清晰性	你能进一步阐述吗？ 你能给我举个例子吗？ 你能通过画图展示你的想法吗？
准确性	我们如何核实？ 我们如何确认这是否属实？ 我们能确定我们没有曲解事实吗？
精确性	你能更具体些吗？ 你能给我更多细节吗？ 你能更确切些吗？
相关性	你说的内容与这个问题有什么样的关系？ 它跟这个问题有什么关联？ 它对我们解决问题有什么帮助？
深刻性	是什么因素使这成为一个难题？ 这个问题的复杂性体现在哪里？ 我们需要克服的困难是什么？
宽广性	我们是否要从不同角度看待这个问题？ 我们是否应考虑别的观点？ 我们是否要从其他方面看待这个问题？
逻辑性	这些放在一起讲得通吗？ 我们在理性地看待这个问题吗？ 你说的符合逻辑吗？
重要性	这是要考虑的最重要的问题吗？ 这是需要关注的核心概念吗？ 这些事实中哪些是最重要的？
公正性	我是否考虑了所有相关的意见？ 我自私吗？ 我是否在公允地对待自己和他人？

考虑公正性

公正的人想成为公正的思辨者，但他们意识到这并不容易。

人们会有以下不公正的行为：	
1） 残忍	5） 无情
2） 无礼	6） 自私
3） 轻率	7） 吝啬
4） 粗暴	8） 伤人

公正的思辨者知道保持公允待人是不易之事。他们会一直审视自己的行为。他们问自己："我现在做到公平正义了吗？"优秀的思辨者明白，如果我们不公允待人，就会产生很多问题；也知道人无完人，我们都会有不公之时。他们反思自己的想法，甚至用笔记下他们的想法与做法。他们有时会写日志，在日志里记录自己行为的不当之处并尝试找到原因。比如，他们会尝试找出他们的哪些思想会导致不公正的行为。

下一页将展示一个日志页面，你可以复制几页夹到笔记本里。当你想记录自己的想法或者做法时可以用到。你的记录就像一面镜子，可以用来反观自己的行为举止。

每周你都可以在这个页面上记录一条，看看这是否有助于让你变得更公正。

聚焦不公正的想法与行为的日志条目

为了保护隐私权，仅写下你愿意与日志读者分享的问题。请集中记录因为你的无情、自私或粗暴导致他人遭受痛苦的行为。

我认为自己不公正，因为我做了以下这些……

当时我没意识到自己不公正，因为我觉得……

我现在意识到了，因为……

为了不再有失公正，我将来会……

我们将自己的思维分解为不同的部分来找到问题并解决问题

思维的组成部分：

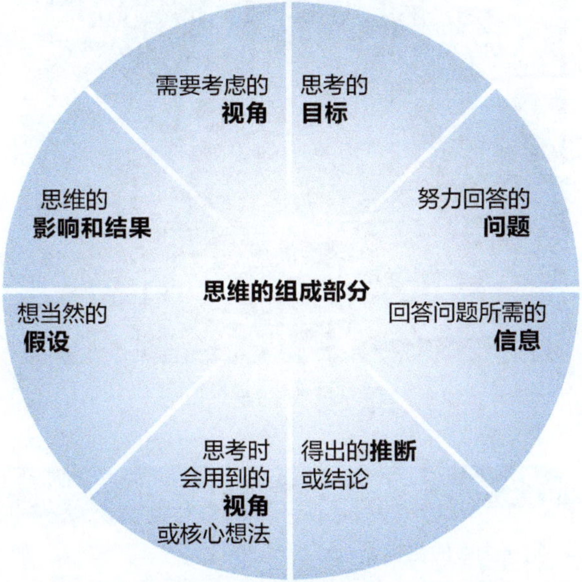

思考你的目标

目标是你希望达到的境地或者发生的事情。

优秀的运动员永远会瞄准目标，
优秀的思辨者也是。

你可以通过回答以下问题来确定目标：

- 我们这么做的目标是什么？
- 我这么做的目标是什么？
- 你的目标是什么？
- 这个任务的目标是什么？
- 这个故事的主角的目标是什么？
- 我的老师想实现什么？
- 我的朋友有什么目标？
- 这本书写作的目标是什么？
- 我们应该改变目标吗？
- 我的目标对于每个人都公正吗？

列出你的问题

问题可以指出困难所在，并让我们明白需要做什么来克服困难。

优秀的思辨者尽可能清晰地陈述焦点问题。

优秀的思辨者会尽可能清晰地列出他们需要问的问题。

对于问题，你可以通过以下问题来明确：

- 我要回答的是什么问题？
- 我的问题清晰吗？
- 我是不是要换一个问题？
- 你在问我什么问题？
- 这一章的主要问题是什么？

收集信息

信息包括事实、证据
或你解决问题的经历。

我们每天都会遭到信息轰炸——这些信息来自网络、
电视、广播、好友、亲戚、学校……
当心！很多信息都是不准确的。

关于信息，你可以思考以下问题：

- 回答这个问题我需要什么信息？
- 我需要收集更多信息吗？
- 这些信息与我的目标相关吗？
- 这些信息准确吗？我如何确认？

核实你的推断

推断是指你得出的结论，也指你在解决问题时的思维活动。你每天都在作着各种推断。（简是我的朋友，所以我推断我能信任她。）

要意识到你每作一次推断，都有可能作出不同于以往的、更有逻辑的推断。

推断是思维的一个步骤，在这个过程中，大脑说：“因为 X 是真的，所以 Y 也是真的”。例如：“外面正在下雨。”因此，“我应该带伞。”（参见 29–31 页）。

你可以通过以下问题来核实你的推断：

- 我将得出什么结论？
- 我需要考虑其他结论吗？
- 我的推断符合逻辑吗？
- 别人的这个推断符合逻辑吗？

质疑你的假设

假设是指你认为理所当然的信念。
（“我假设咱们车上的油足够走完这趟旅程了。”）
一般情况下，我们并不质疑自己的假设。但是，我们应该去质疑。

假设是不自觉地存在于你脑海里的，我们并不知道它已存在，但我们总用假设来考虑事情，解决问题。
我们必须找出我们的已定假设，仔细辨察，看它们是不是合理。

你可以通过以下问题来质疑你的假设：

- 我把什么当作是理所当然的了？
- 我是不是假定了什么不应该假定的事情？
- 是什么假设让我得出现在的结论？
- 他人作过什么假设？
- 关于学生，教师经常作哪些假设？
- 关于学习，学生经常作哪些假设？

明确你的概念

在思考的过程中，“概念”是你用来理解发生了什么并思考如何应对的“观点”。

优秀的思辨者十分清楚他们思维中的核心观点。

你可以通过以下问题来明确概念：

- 这个故事的主要观点是什么？
- 当我听到“学校”“圣诞节”“朋友”“政府”“和平”这些词的时候，我脑海中会产生什么样的想法？
- 我在思考时用了什么观点？这个观点对我或者其他人造成困扰了吗？
- 我认为你的观点很好，但你能不能再多阐释一下？

理解你自己的观点
（以及他人的观点）

观点是指你观察事物的出发点以及对事物的看法。

切记人们往往会有不同的观点，尤其是在大家意见有分歧的时候。

你有自己的观点，但你能理解别人的观点吗？

你可以通过以下问题来明确你的观点：

- 我怎么看待目前的状况？
- 我在考虑什么？我如何理解它？
- 有没有其他可行的方式去考虑这个问题？
- 我的观点是唯一正确的吗？（如果你的答案是肯定的，那可得当心了。）
- 我有没有试着接受、欣赏别人的观点？

深思含意或后果

在做事之前，你有没有想过可能出现的后果？

含意是人们思考之指向。

当人们说话的时候，会暗含一些意思。比如，如果人们作出承诺，也就表明会遵守它。

后果是指之前发生的事情所产生的结果。

比如，如果你粗暴地对待别人，别人可能也会粗暴地对待你。如果人家真的这样做了，粗暴待你就是你先粗暴待人的结果。

关于含意或后果，你可以考虑以下问题：

- 如果我决定这样做，可能会发生什么？
- 如果我决定不这样做，可能会发生什么？
- 这个故事中的主人公作了一个重要决定，之后发生了什么？有什么样的后果？
- 如果我信任一个我不认识的人，会有什么后果？
- 如果不采取行动来阻止全球变暖，会有哪些影响？
- 如果我拒绝做作业，会有什么后果？

区别推断和假设

人们经常混淆推断和假设，但区分清楚二者的差异非常重要。当你能发现二者的不同，你才能把二者都搞清楚，然后才能确定它们是否合理。

记住，假设是指你认为理所当然的一些想法。对于假设，人们一般不去质疑，但实际上应该去质疑。

下图可以看出人们在思考的过程中，推断和假设是怎样得出的。

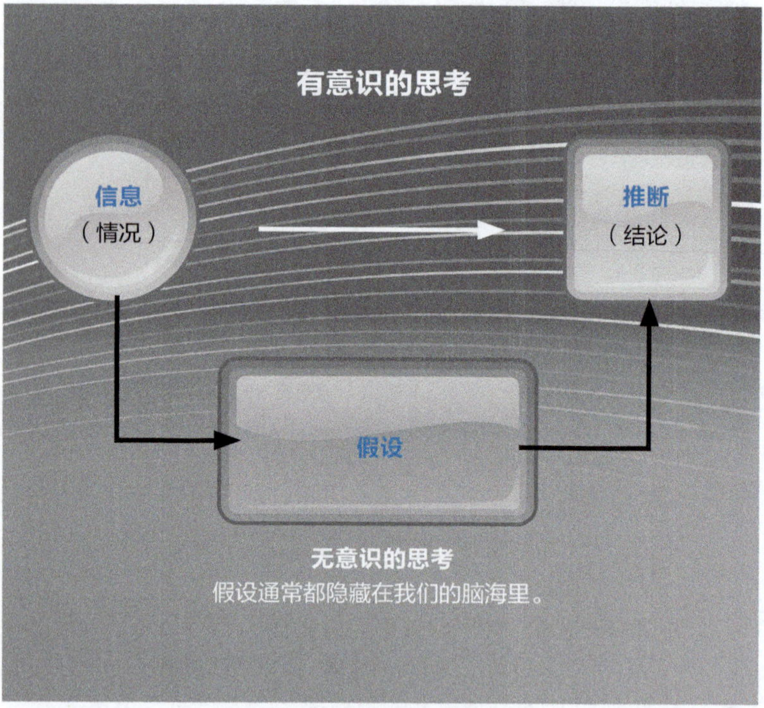

以下几个例子展示了我们在一些情况下如何作出推断，这些推断很大程度上是由我们的假设和已知信息得出的。

信息（情况）	我的一个朋友没和我打招呼就走过去了。
可能的推断	我的朋友生我的气了。
引起以上推断的假设	只要我的朋友没和我打招呼就走过去了，她就一定是生我的气了。

信息（情况）	我听到一只小猫在灌木丛中喵喵叫。
可能的推断	小猫走丢了。
引起以上推断的假设	只要一听到有小猫在灌木丛中喵喵叫，那它一定是走丢了。

弄清你的推断和假设

你可以用以下方法弄清推断和假设：首先确定信息，然后弄明白人们面对这种信息时通常会有的推断，接着，回过头再找出能得出这个推断的假设。

信息（情况）	人们可能作出的推断	能得出该推断的假设
1. 你在做一个程序时，电脑死机了。	1. 如果我重启电脑，程序就能用了。	1. 一旦电脑死机，重启就能解决问题。
2. 你看见一个男人手里拿着一个纸包坐在马路边上。	2. 这个人是个乞丐。	2. 所有拿着纸包坐在马路边的人都是乞丐。
3. 班里一个同学永远都比其他人先答完卷子。	3. 这个学生一定很聪明。	3. 最先答完卷子的学生一定聪明。
4. 一个课堂练习不计入成绩。	4. 我不需要在这个练习上太用心。	4. 我只需要努力完成那些计入成绩的练习。

现在想想你自己遇到的情况，指出每一种情况下人们可能会作出的推断。在这个任务中，可能的推断不一定非要符合逻辑，因为这个任务的目的是为了明确你是否知道假设、信息和推断之间的差别。

信息（情况）	人们可能作出的推断	能得出该推断的假设
1.	1.	1.
2.	2.	2.
3.	3.	3.
4.	4.	4.

要知道，推断是基于假设和信息得出的。如果你的假设是错的，或你的信息不准确，你得出的推断也会是错误的。

你得出的任何结论都是你的推断，每人每天都要作出许多推断。

开始留意你的推断，并且看看你能否找出那些引导你得出推断的假设，然后你就能发现你思维中存在的问题。

最好的思辨者总会警惕他们思维中的问题，你要清楚你的假设，这样你就可以一次次发现你思维中的问题并解决它们。

思辨者会寻求更好的方法来处理事情

总会有更好的方法，而我也能找到这些方法。

我能明白我需要明白的任何事。

思辨者相信他们思维的力量。

思维组成部分的运用策略

分析难题

想一个重要的难题，然后通过分析思维的组成部分来分析这个难题，把你的答案记录在笔记本上。

这个难题是……

（清晰、准确地写出这个难题，加上必要的细节信息。你可以多写几个版本，直到你能把该难题描述得非常清楚为止。）

这是一个重要的难题，因为……

要解决这个难题，要回答的关键问题是……

（每一个难题都有许多相关的问题。要解决这一难题，你需要写出其中最重要的问题并进行解答。请清晰、准确地写出这个问题，解决问题非常重要的一点就是要具体明确地描述问题。）

解决这个难题的主要目的是……

要回答这个关键问题，需要以下信息……

（请写出能帮助你解决问题的事实。）

在我思考的过程中，我用到的重要假设包括……

（找出那些你认为理所当然的事情。确定这些假设是合理的。）

在我解决这个问题的过程中，引导我思考的关键点（概念）是……这个关键概念描述如下……

（比如，如果这个问题是关于污染及如何减少污染的，一个关键概念就是“污染”，那么，你对“污染”的定义就是你对这个关键概念的描述。）

与这个问题有关的视角是……这些视角我将描述如下……

［比如，在解决污染问题的过程中，你将从以下几个角度着眼思考：1）受污染影响的动物；2）受污染影响的人类；3）造成污染的人以及他们会怎样看待这个问题；4）致力于减少污染的人。］

如果这个问题得到了解决，会产生的一些重要的影响是……

（请写出如果问题解决了，将会发生的一些重要的事情。）

如果这个问题没能解决，会产生的一些重要的影响是……

（请写出如果问题没能解决，将会发生的一些重要的事情。）

在思考了以上思维的组成部分后，我认为解决这个难题最好的方法是……

分析故事中的角色

你也可以运用分析思维的不同组成部分来理解一个故事中的某个角色的思想，请完成以下填空练习。

这个故事的名字是 ________________。

我要分析的角色是 ________________。

在这个故事中，这个角色面对的最重要的问题是……

这个角色在故事中抱有的最主要的目的是……

（如果他的目的一直在变，或他有多个目的，请写出他所有的目的，并写明在故事发展的过程中，这个目的有没有改变，如果改变了，是如何改变的。）

在这个故事中，这个角色在思考的过程中，用到的最主要的信息是……

（写出他作重要决定的时候运用到的事实或经验。）

这个角色在思考过程中用到的主要概念是……这些主要概念我将描述如下……

（写出促成他做了某事的概念，比如，有可能是“贪婪”“饥饿”“爱情”或“友谊”。）

这个角色作的主要假设（他认为理所当然的事情）是……

（写出他认为理所当然是正确的而没有去质疑的事情。）

这个角色得出的主要结论（或推断）是……

（写出他得出的导致他采取重要行动的主要结论。有的结论可能会导致他犯错误或给他人造成影响。）

这个角色的行为所产生的主要结果（影响）是……

（故事中的人物作决定，并且按这些决定去行动。写出他行动后发生的重要事情，这些就是重要的结果。）

分析教材中的章节

每本教材，以及每本教材中的每一章，都有明确的逻辑。要分析教材的逻辑，其中一种重要的方法就是分析作者思维的组成部分。

以下是一个供参考的模板：

1） **本章的主要目的是……**

（你应尽可能精确地写出作者写这章的目的。作者通过写这章，想实现什么目标？）

2） **本章核心的关键问题是……**

（你的目标是明确作者写这章的时候心中的主要问题。作者提出的关键问题是什么？）

3） **本章最重要的信息是……**

（你要确定作者支持自己论点的关键信息，找出作者支持结论用的事实、经验和数据。）

4） **本章中的主要推论是……**

（写出作者在本章中得出并展示的最主要的结论。）

5） **为理解本章内容，我们最需要的关键概念是……作者通过这些概念来表达……**

（写出作者推论过程中最核心的关键点，比如“科学”“权力”“贫穷”或者“公民学”这些概念。）

6） **作者思维中潜在的主要假设是……**

［请思考：本章中，作者有哪些想当然（但是应该被质疑）的想法？这些假设就是作者认为不需要辩证思考的看法。假设一般不会被明确地表达出来，因此很难发现。］

7a）如果读者认真接受了作者的说法，可能产生的重要影响是……
（请写出如果读者认可了作者的观点，有可能产生的结果。）

7b）如果读者没能领会作者的意图，可能产生的重要影响是……
（请写出如果读者忽略了作者的思维，有可能产生的结果。）

分析实验

在做科学实验前，你可以通过补充完整以下内容来分析你关于这一实验的思考。

我将这样描述这个实验……

本实验的主要目的是……

通过本实验，我希望验证的假说是……

该实验旨在解决的核心问题是……

本实验中的控制组是……

本实验背后的关键概念或理论是……

本实验是基于以下假设的……

本实验中将收集到的数据包括……

本实验的潜在影响是……
（请写出本实验有可能产生的结果。）

（实验后）分析收集到的数据

实验完成后，需要分析收集到的数据。你可以通过补充完整以下内容来分析。

实验过程中收集到的数据包括……

根据这些数据，最有可能得出的推论（或结果）是……
（分析数据得出的结果就是推论。）

根据实验中收集的数据以及相关的其他材料，这些推论有没有争议？

实验结果有没有验证假说？请具体阐述原因。

实验开始前你作的假设有没有随着实验数据的收集而改变？如果改变了，请列出那些变化。

本实验产生的最主要的影响是……

对于本研究领域以后的研究，你的建议是……

分析科目或学科

我们了解了思维的组成部分之后，就能明白我们在学校里学的所有科目都有着内在的逻辑。请通过回答以下问题来分析科目或学科的逻辑：

学习这个科目的主要目的是什么？该领域的人们试图达到什么目标？

他们提出什么样的问题？他们试图解决什么样的问题？

他们收集哪些类型的信息或数据？

他们通常作什么样的推论和判断？

他们如何收集解决该科目的问题所需要的信息？

本领域最基本的观点、概念和理论是什么？

本领域的权威专家有哪些想当然的看法或假设？

研究这个领域如何影响我看待世界的视角？

研究这个学科可能产生什么影响？如何将本学科的研究成果应用在日常生活中？

对于任何学科，通过一个学期的完整学习，你都应该能够回答以上这些问题。

在课堂上针对思维各个组成部分进行提问

在课堂上，为了加深你对学科话题或所讨论的问题的理解，你可以就思维的不同组成部分来提问。

比如，你可以问以下问题中的若干个：

今天我的主要目的是什么？本节课我们主要想学到什么？

今天我们问的问题是什么？

如果我们要回答这些问题，我们需要收集什么信息？如何收集这些信息？

要回答这些问题，我们要理解的最重要的观点、概念或理论是什么？

哪些视角与回答这些问题相关？

在推断的过程中，我们能得到哪些较为可能的假设？

我们是否应该质疑本领域的研究者已经形成的推断？

我们的研究有可能产生的重要的结果是什么？

阐明和理解重要观点的策略

阐明你自己的观点，阐明其他人的观点

你可以做一些基本的事情来阐明你自己的观点：

1. 一次只说一点。
2. 详细描述你的意思。
3. 结合生活经验举例来说明你的想法。
4. 多使用类比和比喻，这样有助于听众把你的观点与他们已有的认知关联起来。（想想这个类比：思辨就像一个洋葱，它有许多层，正当你觉得你基本上想明白了一个问题，你立刻就发现还有一层又一层，然后还有许多许多层。）

SEEI 模式 ➞ 即陈述（State）、解释（Elaborate）、举例（Exemplify）、说明（Illustrate）

以下模板可以帮助你在口述或书写你的想法时保持清楚的头脑：

我认为……（陈述你的主要观点）

换句话说……（用几句话解释你的主要观点）

比如……（举例来阐述你的主要观点）

这么类比一下，……（说明你的主要观点）

有四个问题可以帮助你明确他人的意思：

- 你能否用一句简单的话来表明你的基本观点？
- 你能否更充分地解释一下你的基本观点（换句话说）？
- 你能否从你的亲身经历中找到例子来说明你的观点？
- 你能否通过类比或比喻来帮助我明白你的意思？

通过思考歧见来得出结论

能够思考并清晰描述歧见很重要。毕竟，很多意见都有冲突。你可以通过以下问题来完成这一过程，请把你的答案写在纸上。

1. 找两个重要的互相冲突的观点，可以来自同一本书，也可以来自不同的书，甚至可以就是你关心的两个问题，比如：
   - 个人自由与限制个人自由的法律
   - 人权与保护地球
   - 爱与控制
   - 动物权利与人类欲望
   - 主流观点与不同观点
   - 教育与教条
   - 合理的配合与盲目的忠诚
2. 从你选择的两个观点中，找出最重要的一个分歧。
3. 清楚地陈述重点，这就是你的论点。
4. （用几句话）解释你的论点。
5. 举例论证你的观点（比如这个问题给人类或者动物带来实打实的负面影响）。
6. 至少写出一个反对你的立场的观点（从不同的角度）。
7. 对该异议作出反应（指出并且承认这一异议的可取之处）。
8. 模拟一场支持你观点的 A 方与反对你观点的 B 方的辩论对话。

通过思考重要观点来得出结论

每一个科目都有核心概念或主要观点。请按下述步骤找出核心概念的实质。将你的答案写下来。

1. 用一句简单的话描述该概念的含义。
2. 请写出该观点的重要性。（这个观点非常重要，是因为……）
3. 请给出该概念的一个例子（即该概念是如何应用于现实生活的）。
4. 该科目中还有哪些重要观点与该观点相关？
5. 举例说明问题 4。

以下为回答以上问题的答案模板：

1. X 是……，换句话说，是……
2. X 非常重要，是因为……
3. 比如，……
4. 该观点与本科目中以下观点是相关的……
5. 以下为体现该观点和其他观点的关系的例子……

就学到的重要观点进行反思

每节课结束后，你最好能反思你所学到的重要观点，并将其与你所知的其他观点联系起来。这可以帮助你构建你的知识架构，记忆重要观点。在学习任何课程的时候，你都可以用以下反思表来逐渐夯实你的知识。

将以下内容补充完整：

1. 该活动的目的是____
____。

2. 我通过这个活动得出的最重要的结论（推论）是__________
____。

3. 我通过这个活动学到的最重要的观点（概念）是__________
____。

4. 这个观点很重要，是因为（影响）____________________
____。

5. 这个观点可关联到以下我已学到的其他重要观点：__________
____。
它们之间的关系为________________________________
____。

6. 我产生了一些新的问题，包括________________________
____。

7. 我可以通过以下方式来得到这些问题的答案：____________
____。